破解昆虫世界的秘密

蝉和蝗虫

周　伟◎主编

吉林科学技术出版社

目 录

蝗虫

蝉

　　"知了，知了……"每到夏天，我们总能听见蝉不知疲倦地歌唱。它们常常出现在我们的生活里，但我们对它们的世界却一无所知。

　　蝉到底是怎样生活的？它的家在哪里？它喜欢吃什么食物？它是如何生养下一代的？真正的蝉到底是怎样的呢？让我们一起聆听蝉的故事吧。

蝉卵

一龄若虫

蝉之语

　　秋风徐徐，枯黄的枝叶随风飘舞，我缓缓地睁开眼睛，顺着从身上脱落的丝线，慢慢地爬到了地面上。

　　好冷啊！我打了一个寒战，赶紧钻进了温暖的泥土里。四周黑漆漆的，不过我并不害怕，本能告诉我，这里将成为我的新家。

我要在大树边给自己挖一个长长的洞穴，这样冬天来了的时候，我就可以钻到洞底抵御寒冷了；春天到了，我还能爬到洞顶感受阳光的温暖。

二龄若虫

　　肚子饿了也很好解决，树根里
甜甜的汁水就可以充饥。
　　时光匆匆，就这样，我在
地下生活了好几年。

因为身体表面的外骨骼会限制生长，所以我每隔一段时间都要蜕皮，大概 4 次左右。当身体从原本柔软的黄白色变成坚硬的黄褐色，翅芽也愈加强壮时，我就要准备破土而出，迎接崭新的生活了。

幼虫 蜕皮 (2)

幼虫 蜕皮 (1)

末龄若虫

蝉的一生

蝉卵

土中的一龄若虫

即将破土的末龄若虫

刚出土的幼蝉

最后一次蜕皮称为"羽化"，这是一段痛苦而艰辛的过程。首先我要钻出土壤，爬到树上，用前脚紧紧钩住树皮，当背上出现裂缝时，蜕皮就要开始了。我要慢慢地从裂缝里钻出来，这个过程需要持续 1 个小时，上半身获得自由后就要把身体倒过来，方便下半身脱落，同时让翅膀展开、变硬。有的同伴蜕皮时受到了打扰，将来无法飞行也不能唱歌。我是幸运的，顺利获得了新生。

成虫

蜕皮中的蝉

鸣鸣蝉（雄）

雄蝉尾端较钝

雌雄分辨

真美啊！看着眼前葱绿的森林，我想起了几年前和兄弟姐妹们一起安静地待在树枝上休憩的日子，然而现在已经找不到它们了。我也没找到爸爸妈妈，它们在我出生时就去世了，虽然很难过，但是我知道每一只蝉都是像我这样独自长大的。

鸣鸣蝉（雌）

雌蝉尾端明显突出

　　"知了，知了……"
咦？是谁在唱歌？我转过
头来，看见旁边的树上趴
着一只头宽宽的大家伙。

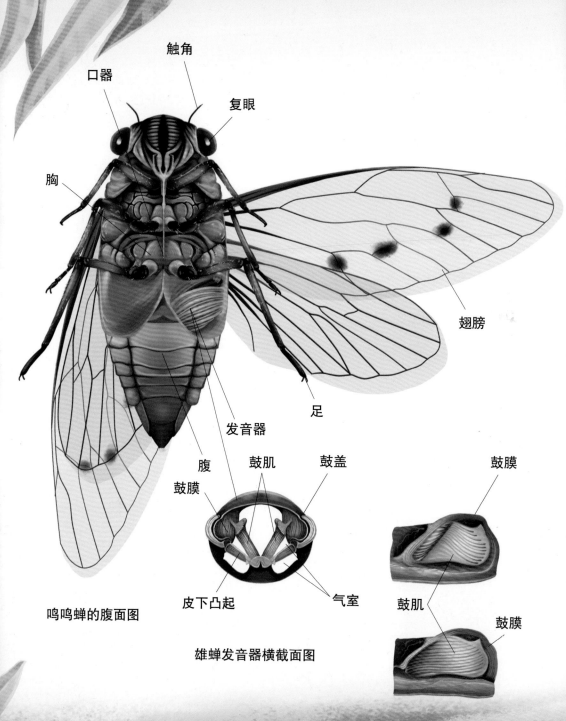

触角

口器

复眼

胸

翅膀

发音器

足

腹

鼓膜

鼓肌

鼓盖

鼓膜

皮下凸起

气室

鼓肌

鼓膜

鸣鸣蝉的腹面图

雄蝉发音器横截面图

发音器透视图侧面

鸣鸣蝉的
侧面透视图

蝉 的 身 体

它的两只大眼睛长在头顶上，
嘴巴像针一样，背上长了 2 对透明
的大翅膀，胸前还长了 3 对足。

它的肚皮两边长着 2 片硬壳，
一鼓一鼓的，看来是个"男孩子"。

蝉的进食

"知了，知了……"它还在唱着。这时候我觉得有点饿，用嘴在树上开了一个小口，使劲吮吸着，真甜啊！

什么东西在挠我的脚？哎呀糟了，是蚂蚁！很快它们就蜂拥而上朝我所在的树权而来。这群小东西可不是好惹的，它们的数量太多了，我完全斗不过。

鸣鸣蝉（雌）

鸣鸣蝉（雌）

蝉的姿态

"来这棵树吧。"隔壁的男孩儿对我说。

看着四周满满的蚂蚁，我也只能懊恼地飞了过去。

螳螂

蝉的天敌

"刚才很危险，那些蚂蚁能咬坏你的翅膀和脚。我有一位同伴就是被它们咬坏了翅膀，不能再飞行，最后被可怕的螳螂吃掉了。"男孩儿担忧地说道。

螳螂是我们最怕听到的名字，它们的个头非常大，手臂像镰刀，如果被它们盯上就完了。

"哎，我们真弱小，不知道有没有能斗得过它们的蝉！"我叹道。

"我听说有一种能活17年的蝉，它的个子比我们都要大，眼睛红红的，模样很可怕。不知道是不是螳螂的对手。"

鸣鸣蝉（雌）

“能活 17 年？”

“是的，不过它们和我们一样，在地面也就过一个夏天，其他时间都待在地下。”

“这种蝉生活在哪里？”

鸣鸣蝉（雌）

鸣鸣蝉（雄）

25

蝉的家族

　　"在美国中西部，离我们很远。我们附近生活的亲戚，只有蚱蝉、蟪蛄、草蝉、斑蝉……都和我们差不多大。其实想想看，我们从出生开始就不用为食物发愁，寿命也比它们长很多，还是很幸运的。"

　　和它聊天时间总是过得特别快。原来的那棵树已经被蚂蚁弄得不像样子了，我决定就在这棵树上和男孩儿生活了。

蚱蝉

草蝉

斑蝉

蟪蛄

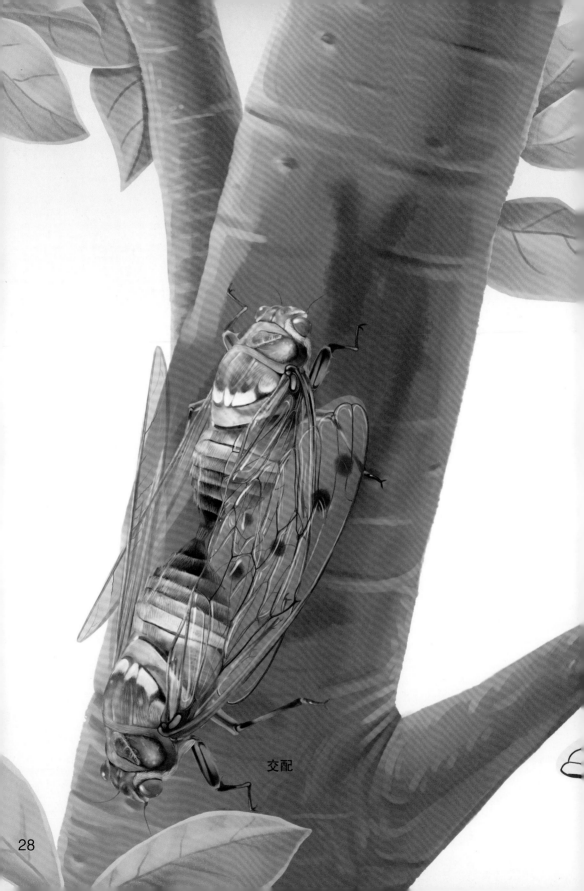

交配

蝉的产卵

夏天快过去了，我知道自己最大的使命就是产下卵宝宝。

几周前男孩儿已经去世了，我得赶紧找到一根好点的树枝，刺开树皮，把卵产到里面，让它们有一个温暖的"育婴房"。我无法看到自己的孩子，因为我的一生也要结束了……

产卵

捉蝉去

抓获蝉的方法很多，比如"面筋粘获法"：将面粉洗成面筋，把红枣大小的面筋粘在足够长的竹竿上，主要是粘蝉的翅膀。可以把竹竿悄悄伸到蝉背后的一定距离，再去粘它的翅膀。只要不惊动它，基本上是百发百中！

鸣鸣蝉

31

别样的蝉蜕

　　每一只蝉从幼虫到成虫都要经历一次羽化，羽化所留下的外衣就称为蝉蜕，也叫蝉衣。

　　蝉蜕非常漂亮，通常是黄褐色的，远远看上去和它的主人长得一样，不过走近看就会发现里面空空如也，只是一个外壳。

　　蝉蜕对我们人类来说可是有着非常重要的作用呢。它是我国传统医学中的一味药材，具有治疗发热、咳嗽等功效。

蚱蝉蝉蜕透视图

鸣鸣蝉蝉蜕透视图

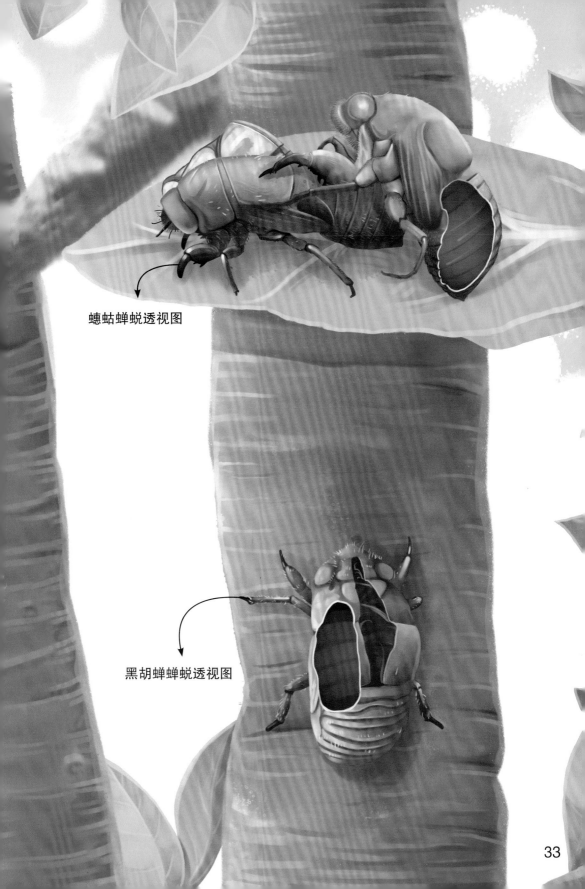

蟪蛄蝉蜕透视图

黑胡蝉蝉蜕透视图

十七年蝉

　　美国中西部有一种蝉，它的个子比我们平时看到的蝉都要大，模样也很可怕。它的稀奇之处在于它每17年才出现一次。要知道绝大多数昆虫的寿命都只有短短1年，所以这样的昆虫是非常少见的。

　　这种蝉在整整17年里一直生活在黑暗的地下，依靠树根维持生命，然后在17年后5月初的某一天，也就是它们将要羽化为成虫的时候，它们会像同时接到命令一样，大量地从土里钻出来，高声鸣叫来宣告它们的到来。它们会迅速占领当地的树林、草地，甚至人类生活的地方。不过，十七年蝉出现的时间并不长久，夏天一过就听不到它们的声音了。

十七年蝉

蜜蜂（成虫）

蝗虫

有一种昆虫，它的生命力很顽强，在地球上的很多地方都能看到它的身影，它就是蝗虫。

蝗虫在昆虫界可是声名远播，不过我们听到的有关蝗虫的传言大多是负面的。为什么会这样呢？原来，蝗虫喜欢吃农田里绿油油的庄稼，那是农民伯伯辛辛苦苦栽种的，所以人们特别痛恨它。

那么蝗虫到底是什么样的呢？它真的如人们所说的那样坏吗？让我们走进蝗虫的世界看看它的生活吧！

蝗虫的诉说

　　正值七月盛夏，骄阳似火般炙烤着大地，无论是树上还是地面的虫子都受不了这样毒辣的阳光，躲在了阴凉之处。不过无论它们怎么躲，都不可能像我一样悠闲，因为我正待在温暖干燥的地底下，静静地等待孵化。

成功孵化的蝗虫若虫

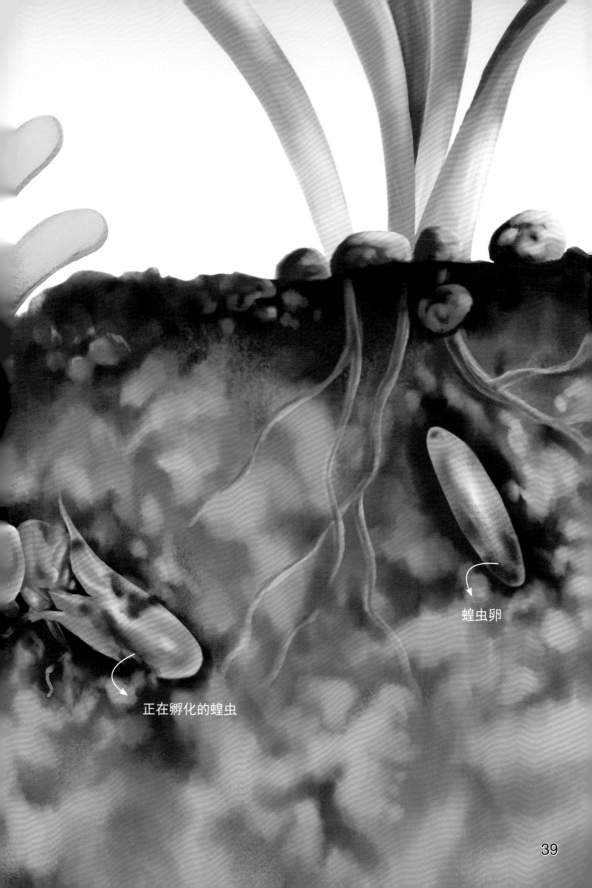

蝗虫卵

正在孵化的蝗虫

没错，我是一只出生在夏天的蝗虫，被人类称为秋蝗。我的妈妈被称为夏蝗，它生下我之后就去世了，而我的生命也只能到秋天。

顺着妈妈生育时留下的隧道，我很快钻出了地面。放眼望去，净是鲜嫩的青草！饥肠辘辘的我有些急不可耐了，爬上草尖津津有味地吃了起来。

刚出土的蝗虫若虫

41

蜕皮的蝗虫

　　我的同伴们也待在这片草丛里，和我一样享用着出生以来的第一顿美餐。我们似乎天生容易饥饿，需要吃掉很多食物才能快速地成长。人类因此而不喜欢我们，视我们为害虫。可是没有办法，我们的一生太短暂了，没有足够的食物就没办法拥有

强壮的身体，也就无法活下去。

在食物充足的情况下我成长得很快，几乎每 7 天就能蜕皮 1 次，5 次之后就可以羽化为大蝗虫了。

蜕皮中的蝗虫

蝗虫的一生

蝗虫成虫

蝗虫卵

泥土中的蝗虫若虫

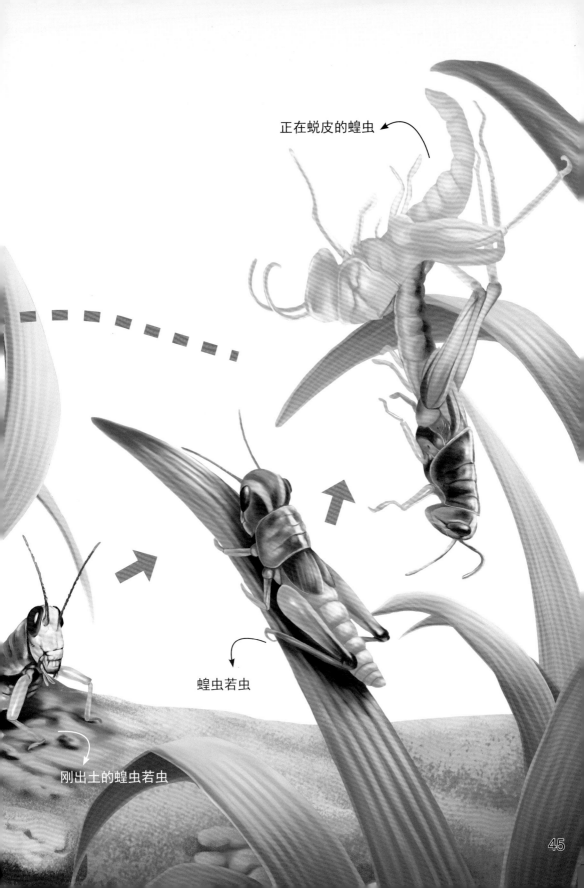

正在蜕皮的蝗虫

刚出土的蝗虫若虫

蝗虫若虫

蝗虫的身体

触角

翅膀

复眼

口器

胸音

腹部

足

蝗虫腹面图

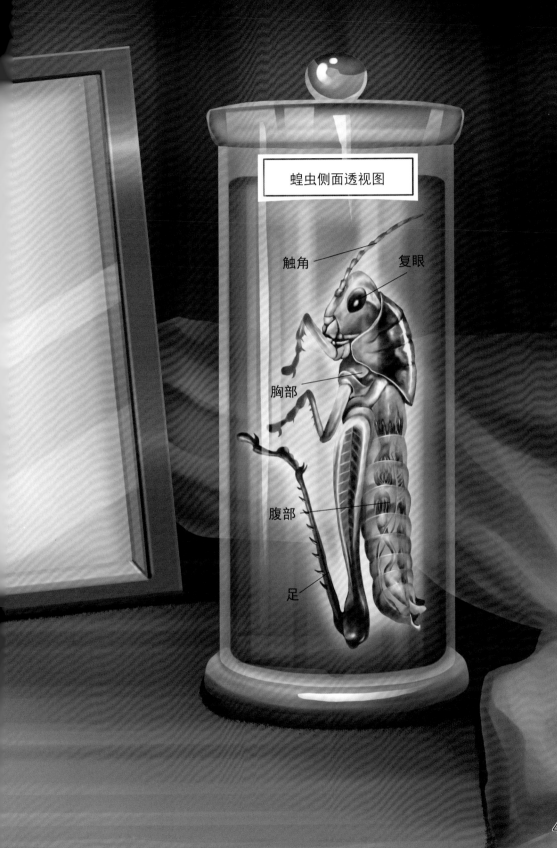

蝗虫侧面透视图

触角　　复眼

胸部

腹部

足

蝗虫的食物

　　此时我的身体已经比刚出生时大了好几倍，身体也非常的强壮，尤其是我的后腿，由于经常练习跳跃，比周围的几个同伴更发达有力，能跳出大约身长 10 倍的距离！现在我们吃得更多了，因此每天都要寻找新的农田或草地进食，那里有我们最爱的植物。

正在进食的蝗虫

48

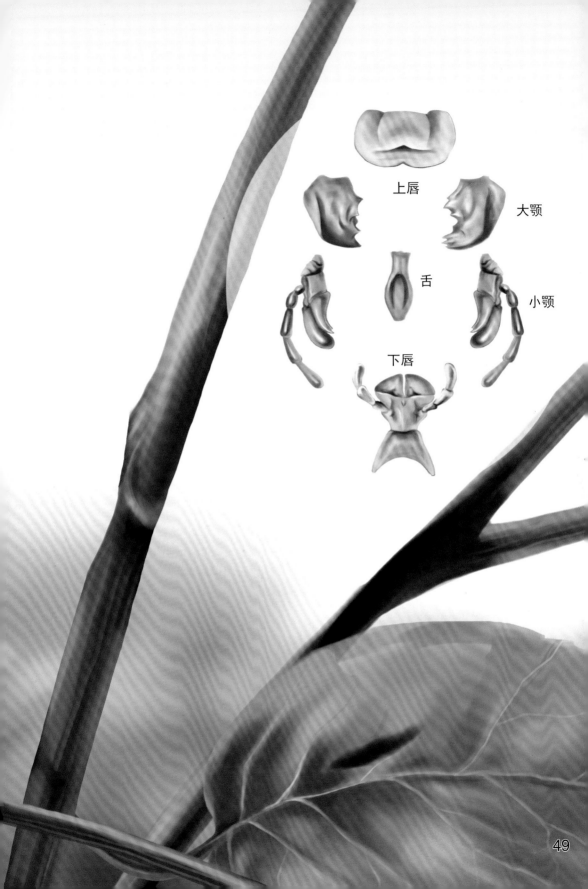

上唇

大颚

舌

小颚

下唇

49

危险的敌人

　　这次来到的地方距离水塘不远，我们不喜欢水，因为不小心掉下去会很难再爬上来，而且水里还住了一位可怕的敌人——青蛙。

蝗虫

池塘里的青蛙

蝗虫的天敌

　　我匆匆忙忙地咀嚼着嫩叶，想尽快离开这片不安全的地方，然而不幸还是发生了。躲在池塘里的青蛙吃掉了我身后粗心的同伴，这对青蛙来说太轻而易举了。

青蛙捕食蝗虫

蝗虫的姿态

我马上逃走，顾不上回头看看同伴，跳到了距离池塘较远的地方。

跳跃的蝗虫

雌雄难辨

　　时间过得很快，秋天就要来临了，在这婚配的季节里我也遇上了心仪的"男孩儿"。它的身体看上去比我小，但后腿也很粗壮，这说明它有不错的跳跃能力。我们在一起生活的时间虽然非常短暂，但是依然孕育了我们的宝宝。

蝗虫（雄）

蝗虫（雌）

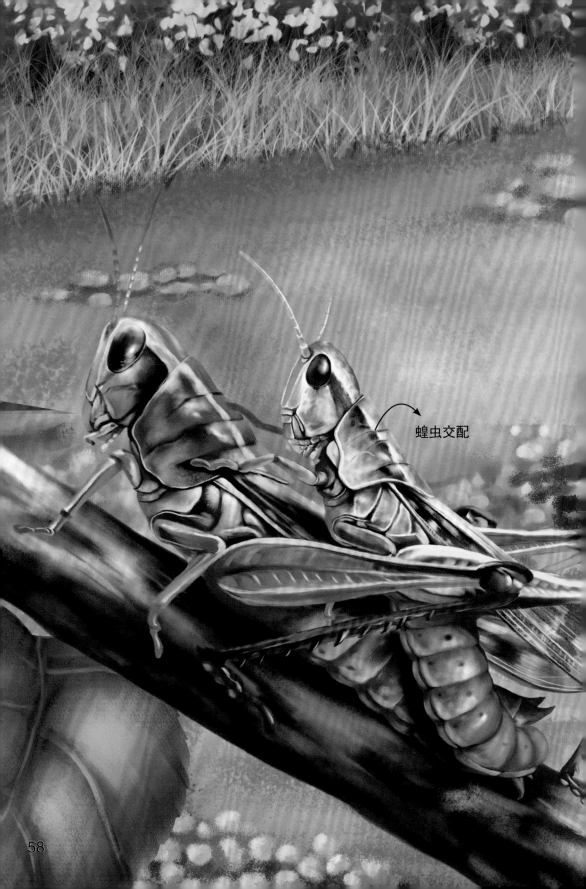

蝗虫交配

正在产卵的蝗虫

蝗虫产卵

　　我像妈妈一样找到了一片不错的地方，这里草木茂盛，能让孩子孵化出来后不必挨饿。我小心翼翼地将产卵管延长，插入 10 厘米深的土中，产下了 50 个左右的卵宝宝。希望它们能像我一样健康地长大！

蝗虫的家族

全世界有将近上万种的蝗虫，主要可以分为两大类：长角蝗虫和短角蝗虫。短角蝗虫更常见。两种蝗虫都会在阳光明媚的日子发出吱吱叫声。长角蝗虫比短角蝗虫要大出 5 倍并且能飞。在我国常见的包括稻蝗、东亚飞蝗、短额负蝗、棉蝗、拟稻蝗、沙漠蝗虫等。

东亚飞蝗

稻蝗

短额负蝗

棉蝗

捉蝗虫

　　"眼要准，手要快，捂要轻"是捕捉蝗虫流传最广的口诀。蝗虫喜欢藏在草丛里，而且身体的颜色通常和植物相近，捉虫的时候最考验小朋友们的眼力。蝗虫能跳得很远，所以手一定要快，不然可捉不到它们。用手捂蝗虫是不错的方法，但为了防止压死蝗虫，最好的办法还是准备一个小网兜哦！

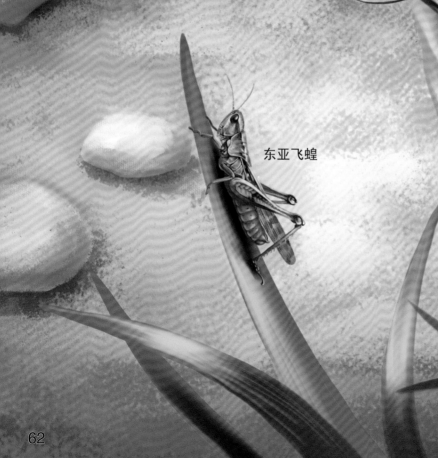

东亚飞蝗

自己养蝗虫

饲养蝗虫并不难，蝗虫适合比较宽松的管理，也就是说小朋友们养蝗虫的时候，不需要太管它们，准备好充足的青草就可以了。值得注意的是，青草不能随意地摊放在饲养容器里，这样蝗虫是不会吃的，得把青草根根竖立起来才行。

被饲养的蝗虫

可怕的蝗灾

  说起蝗虫，人们便会联想到铺天盖地的蝗群，文献记载中最大的蝗群曾出现在红海上空，有 2500 亿只之多，所到之处，如风卷残云一般，各种绿色植物被一扫而空，造成严重的灾害。

  可以说发生蝗灾跟蝗虫成群行动是分不开的。然而奇怪的地方就在于蝗虫原本不是群居生活的昆虫，它们不像蜜蜂、蚂蚁那样终生都依靠着群体才能生存，蝗虫原本具备单独生活的能力，那它们为什么要结成

群四处为害呢？科学家通过研究发现了其中的秘密。在蝗虫体内控制腿部和翅膀的胸部神经系统中积聚着一种叫血清素的化学物质，它在数小时内就可以让独居的蝗虫出现群居特性。这种物质通常只有在蝗虫饥饿和绝望之时才会发挥作用，所以一般在干旱的时候，蝗虫由于缺乏食物变得饥饿，才会聚集在一起，变成蝗灾。

　　蝗虫危害玉米、高粱和水稻等多种禾本科植物，它是造成严重农业灾害的害虫。

读书笔记 （蝉）

读书笔记 （蝗虫）

图书在版编目（CIP）数据

破解昆虫世界的秘密 . 蝉和蝗虫 / 周伟主编 . -- 长
春 : 吉林科学技术出版社 , 2021.9
　　ISBN 978-7-5578-8544-1

　　Ⅰ . ①破… Ⅱ . ①周… Ⅲ . ①蝉科 – 儿童读物②蝗科
– 儿童读物 Ⅳ . ① Q96-49

中国版本图书馆 CIP 数据核字 (2021) 第 159921 号

破解昆虫世界的秘密 蝉和蝗虫
POJIE KUNCHONG SHIJIE DE MIMI CHAN HE HUANGCHONG

主　　编　周　伟
出 版 人　宛　霞
责任编辑　王旭辉
封面设计　长春美印图文设计有限公司
制　　版　长春美印图文设计有限公司
幅面尺寸　167 mm × 235 mm
开　　本　16
字　　数　57 千字
印　　张　4.5
印　　数　1—5000 册
版　　次　2021 年 10 月第 1 版
印　　次　2021 年 10 月第 1 次印刷

出　　版　吉林科学技术出版社
发　　行　吉林科学技术出版社
地　　址　长春市福祉大路 5788 号
邮　　编　130118
发行部电话 / 传真　0431-81629529　81629530　81629231
　　　　　　　　　　81629532　81629533　81629534
储运部电话　0431-86059116
编辑部电话　0431-81629517
印　　刷　吉林省创美堂印刷有限公司
书　　号　ISBN 978-7-5578-8544-1
定　　价　24.80 元